오늘도 고마운 기계의 하루

조 넬슨 글 | 알렉산다르 사비체 그림 | 김현희 옮김

주니어김영사

차례

자, 기계의 세계로 떠날 준비가 되었나요?
우리 주변에 어떤 기계가 있고, 어떤 일을 하는지 알아보아요!

6 농장

18 회사

10 건설 현장

22 동물병원

14 집

26 자동차 공장

기계는 하루 종일 어떤 일을 할까요?

지금부터 기계들이 바쁘게 돌아가는 각기 다른 장소 14곳을 둘러볼 거예요. 각 장소에 도착하면 8가지 특별한 기계의 이름과 하는 일을 알 수 있어요.

이 기계들의 이름과 하는 일을 알고 나면 다시 그 장소로 돌아가 각각의 기계가 어디 있는지 찾아보아요.
모두 찾을 수 있을까요?

우리 주변에는 갖가지 기계들이 있어요. 한 손에 쏙 들어올 만큼 작은 기계도 있고, 사람이나 자동차보다 큰 기계도 있지요. 기계는 우리 생활을 더 쉽고 편리하게 해 주어요.

기계가 어떤 일을 하는지 궁금하지 않나요?

윙윙! 쉭쉭! 드르륵드르륵! 기계는 제각기 소리며 생김새가 다르고 하는 일도 달라요. 어떤 기계는 사람을 태워서 이동시켜요. 자동으로 일하도록 프로그램이 짜인 기계도 있지요. 모든 기계는 각자 맡은 일과 장소에 딱 맞게 설계되어 있어요. 커다란 바퀴나 로봇 팔, 빛나는 조명이 달려 있기도 하고, 윙윙 돌아가는 칼날이 붙어 있기도 해요.

이제부터 우리가 둘러볼 곳들의 풍경은 서로 완전히 달라요. 질척질척한 진흙투성이 농장, 먼지 한 톨 없이 깨끗한 동물병원, 흙먼지가 날리는 지하 광산, 정신없이 분주한 영화 촬영장 등 장소는 서로 다르지만, 모두 바쁘게 돌아가는 신기한 기계들이 있다는 점에서 놀랄 거예요.

농장

철컥철컥. 덜덜덜. 농장은 갖가지 기계 소리가 끊이지 않는 곳이에요. 밭 가는 기계부터 씨 뿌리는 기계, 다 자란 곡물을 거두어들이는 기계도 있어요. 또 우유 짜는 기계, 양털 깎는 기계, 풀 베는 기계도 있지요. 오늘도 기계들이 바쁘게 움직이겠네요!

농장에 있는 기계들

콤바인

황금빛으로 여문 벼나 밀을 베어 줄기에 붙은 낟알을 털어 내는 기계예요.

트랙터

트레일러나 제초기, 경운기 같은 농기계를 끄는 특수 자동차예요. 바퀴가 매우 크고 튼튼해서 울퉁불퉁한 땅에서도 잘 굴러가지요.

경운기

파종기

넓적하고 두꺼운 날로 메마른 흙을 갈아엎어 기름지게 만드는 기계예요. 이렇게 논밭을 갈아야 씨를 뿌릴 수 있어요.

작은 씨앗을 일정한 간격으로 논밭에 뿌리는 기계예요. 씨앗은 가느다란 대롱을 타고 내려가 흙 위로 떨어져요.

제초기

트랙터 뒤에 매달아 풀을 베는 기계예요.
날카로운 칼날로 무성하게 자란 잡풀을
쓱쓱 베어 내요.

베일러

논밭에 흩어진 마른 풀을 모아 둥글게 마는
기계예요. 마른 풀은 겨울에 가축에게 먹일
사료로 쓰여요.

착유기

젖(우유)을 짜는 기계예요. 우유는 젖꼭지에
연결된 긴 관을 타고 통으로 흘러 들어가요.

양털 이발기

양의 몸통을 뒤덮은 북슬북슬한 털을 깎는
기계예요. 양털은 공장으로 보내 실이나 천으로
만들어요.

건설 현장

뽀얀 흙먼지가 풀풀 날리는 건설 현장에는 땅을 파거나 구멍을 뚫고,
무거운 자재를 옮기는 크고 작은 기계들이 있어요.
자갈과 진흙을 섞어서 집 짓는 재료를 만드는 기계도 있지요.

건설 현장에 있는 기계들

기다란 팔 끝에 달린 커다란 삽으로 땅을 파는 기계예요. 파낸 흙은 덤프트럭 짐받이에 옮겨 담아요.

무거운 돌이나 흙을 실어 나르는 차량이에요. 짐받이의 밑바닥을 들어서 기울이면 돌과 흙이 미끄러지며 우르르 쏟아져요.

빙빙 돌아가는 커다란 믹서로 콘크리트를 반죽하며 실어 나르는 특수 차량이에요. 현장에 도착하면 연결된 관을 통해 콘크리트를 쏟아 내요.

크고 무거운 자재를 들어서 옮기는 기계예요. 탑처럼 생긴 타워 크레인은 매우 높은 곳까지 물건을 옮길 수 있어요.

바퀴에 강철판으로 된 넓은 띠가 걸려 있는 특수 차량이에요. 앞쪽의 큰 삽으로 흙을 밀어 내면서 땅을 고르게 다져요.

땅에 쇠 말뚝을 박는 기계예요. 쇠 말뚝은 새로 지을 건물을 튼튼하게 받쳐 주는 역할을 해요.

옆면이 가위처럼 벌어지면서 사람이 탄 승강대를 건물 위로 올려 보내는 기계예요. 작업자가 원하는 위치에서 멈출 수 있어요.

철판으로 아래쪽의 표면을 잇달아 때려서 평평하고 단단하게 만드는 기계예요. 땅이나 방바닥을 고르게 다질 때 써요.

집

집에는 우리가 더 편리하고, 깨끗하고, 따뜻하게 살 수 있게 해 주는 여러 가지 기계가 있어요.
집 안팎에 어떤 기계들이 있는지 생각해 본 적 있나요?

집에 있는 기계들

보일러

물을 데워서 욕실과 부엌 수도꼭지에서 더운 물이 나오게 하는 기계예요. 집 안을 따뜻하게 덥히는 일도 해요.

세탁기

더러운 빨랫감을 물과 함께 빙빙 돌려 때를 빼고 물기를 짜내는 기계예요.

빨래 건조기

세탁이 끝난 빨래를 빙빙 돌리며 뜨거운 바람을 쏘아 남은 물기를 완전히 말리는 기계예요.

냉장고

음식물을 차갑게 보관하는 기계예요. 온도가 낮은 곳에서는 음식물을 상하게 하는 세균이 잘 자라지 못해요.

수세식 변기

변기 안에 모인 똥오줌을 물과 함께 떠내려가게 하는 기계예요. 변기를 빠져나간 똥오줌은 관을 타고 하수도로 내려가요.

진공청소기

바닥의 먼지, 티끌 등을 빨아들여 없애는 기계예요. 카펫이나 좁은 구석에서는 별도의 부품으로 갈아 끼우면 편리해요.

예초기

길게 자란 잡풀을 베는 기계예요. 줄처럼 생긴 튼튼하고 긴 플라스틱 날이 빠르게 돌면서 풀을 베어 내요.

잔디깎이

잔디를 짧게 깎는 기계예요. 잔디밭을 따라 기계를 밀면 밑바닥의 칼날이 뱅뱅 돌며 잔디를 깎아서 통에 모아요.

회사

컴퓨터 같은 전자 기기는 복잡한 회사 업무를 빠르게 처리하는 데 꼭 필요해요.
회사에는 컴퓨터 말고도 일할 때 도움이 되는 여러 가지 기계가 있어요.

회사에 있는 기계들

엘리베이터 (승강기)

모터의 힘으로 오르락내리락하며 원하는 층으로 데려다주는 기계예요. 문이 열리면 들어가서 가려는 층의 숫자 단추를 누르면 돼요.

문서 세단기

쓸모가 없어진 서류나 문서를 가늘게 자르는 기계예요. 문서에 적힌 중요한 정보를 아무도 읽지 못하게 해 줘요.

컴퓨터

정보를 기록, 저장, 처리하는 기계예요. 인터넷 같은 통신망과 복합기에 연결할 수도 있어요.

복합기

문서의 인쇄, 스캔, 복사 등 여러 사무 기능을 해내는 기계예요. 인쇄는 잉크 또는 토너(잉크 대신 사용하는 검은색 탄소 가루)로 해요.

커피 머신

커피콩을 간 다음 꽉 누른 상태에서 뜨거운 물을 부어 커피를 뽑아내는 기계예요.

냉온수기

깨끗한 물을 차갑거나 뜨겁게 마실 수 있도록 해 주는 기계예요.

에어컨

실내 공기 온도를 낮추는 기계예요. 냉매 가스가 더운 공기의 열을 빨아들이고, 팬이 공기를 순환시키면 사무실 안이 시원해져요.

핸드 드라이어

좁고 긴 틈새로 바람을 쏘아 젖은 손을 빠르게 말려 주는 기계예요.

동물병원

집에서 키우는 동물이 아프거나 동물의 건강 상태가 궁금할 때 우리는 동물병원에 가요. 이곳에는 동물의 몸속을 들여다보는 기계부터 병을 직접 치료하는 기계까지 신기하고 똑똑한 기계들이 많이 있어요.

동물병원에 있는 기계들

체중계

동물이 올라서면 몸무게를 알려 주는 기계예요. 수의사는 몸무게로 동물의 건강 상태를 짐작할 수 있어요.

초음파 기계

우리 귀에 들리지 않는 소리인 초음파를 이용한 기계예요. 초음파를 동물의 몸에 쏘면 몸속의 모습이 반사되어 화면에 나타나요.

마취 기계

동물을 특수 가스로 잠재워 아픔을 느끼지 않고 편안히 수술받을 수 있게 해 주는 기계예요.

심장 제세동기

동물의 심장이 멈추었을 때 전기 충격을 주어 다시 정상적으로 뛰게 만드는 기계예요.

엑스선 촬영기

엑스선을 이용해 동물의 뼈대를 사진으로 기록하는 기계예요. 엑스선 사진을 보면 뼈가 부러진 부분을 알 수 있어요.

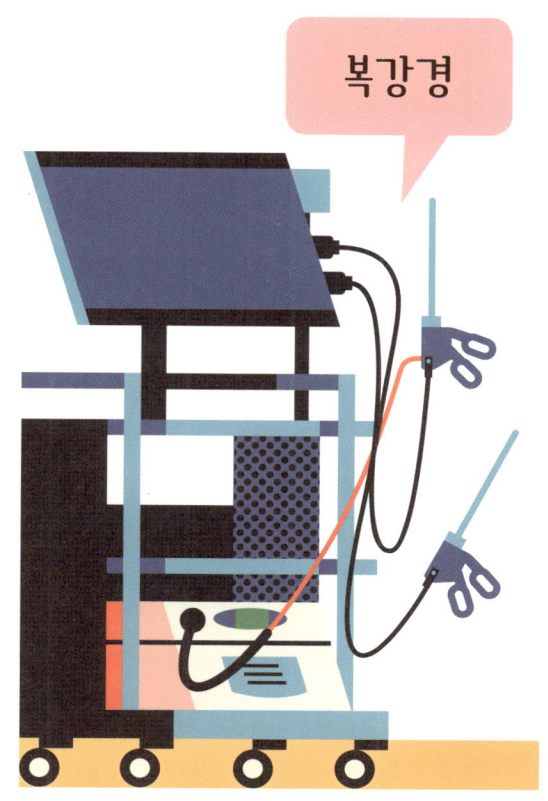

복강경

끝부분에 카메라가 달린 기다란 관 모양의 기계예요. 동물의 배 속을 들여다보거나 세밀한 수술을 할 때 도움이 되어요.

혈액 분석기

혈액은 적혈구, 백혈구, 혈소판, 혈장으로 이루어져 있어요. 혈액 분석기로 구성 성분의 양을 살피면 동물의 건강에 어떤 문제가 있는지 알 수 있어요.

현미경

특수한 렌즈로 작은 물체를 훨씬 크게 보이게 하는 기계예요. 눈에 보이지 않는 미세한 세균 등을 관찰할 수 있어요.

자동차 공장

첨단 기술 장비들이 빙빙 돌아가고 있네요!
바퀴 달린 기계며 레일 위의 장치들이 수많은 자동차 부품을 다음 공정으로 보내면,
로봇이 정확히 조립해서 자동차 한 대를 뚝딱 만들어 내요.

자동차 공장에 있는 기계들

그래버

천장의 레일을 타고 움직이는 이 기계는 거대한 금속 팔로 두루마리 알루미늄 판을 번쩍 들어 옮겨요.

블랭킹 머신

둘둘 말린 알루미늄 판을 펼쳐 놓고 꾹 눌러서 쓰기 편한 크기의 네모반듯한 모양으로 자르는 기계예요.

자동 이동 장치

사람이 운전하지 않아도 알아서 부품을 필요한 곳으로 실어 나르는 자동화 장치예요. 바닥에 깔려 있는 자성(자석의 성질)을 띤 선을 따라 움직여요.

용접 로봇

뜨거운 열로 금속을 녹여서 자동차의 각 부분을 이어 붙이는 로봇이에요. 이처럼 금속이나 유리 등을 녹여서 이어 붙이는 일을 '용접'이라고 해요.

프레스

네모반듯한 알루미늄 판을 눌러 서로 다른 모양의 자동차 문짝, 보닛 등을 찍어 내는 기계예요.

지게차

자동차 부품을 공장 안 곳곳으로 실어 나르는 차량이에요. 앞부분에 달린 강철로 된 두 개의 포크를 짐 밑으로 넣고 약간 들어 올려서 옮겨요.

도장 로봇

자동차 겉면에 페인트를 뿌려서 고루 색을 입히는 로봇이에요. 페인트가 묻지 않도록 특수한 덮개로 감싸져 있어요.

조립 로봇

완성된 자동차의 틀에 좌석, 창문 등 갖가지 부품을 끼워 조립하는 로봇이에요. 팔을 사방으로 자유롭게 움직일 수 있어요.

영화 촬영장

조명! 카메라! 모두 준비됐나요? 그럼 액션!
영화 촬영장에는 관객들이 좋아할 멋진 작품을 만드는 데 꼭 필요한 다양한 기계들이 있어요.

영화 촬영장에 있는 기계들

조명 크레인

긴 목을 쭉 뻗어서 무거운 조명 장치를 영화 세트장 위쪽으로 끌어 올리는 기계예요. 세트장에 환한 조명을 내리비출 수 있게 해 줘요.

촬영기

커다란 렌즈로 움직이는 영상을 담아내는 기계예요.

이동차

촬영기를 싣고 짧은 철길을 따라 달리는 차량이에요. 촬영기가 흔들리지 않고 이동할 수 있게 해 줘요.

마이크

소리를 모아서 믹싱 데스크로 보내는 기계예요. 붐이라는 기다란 장대 끝에 매달려 있어요.

믹싱 데스크

마이크에서 전해 받은 갖가지 소리의 크기와 양을 조정하는 장치예요. 잡음 하나가 나머지 소리 전체를 방해하지 않도록 다듬어요.

지브

바퀴 달린 삼각대에 붙어 있는 팔 모양의 장치예요. 끝부분에 카메라를 매달고 특정한 위치로 옮겨 주어요.

발전기

영화 촬영장이 전기가 들어오지 않는 곳에 있을 때 갖가지 촬영 장비를 움직이는 데 필요한 전기를 만드는 기계예요.

클래퍼보드

영화의 한 장면을 찍기 시작할 때 딱 소리 나게 맞부딪히는 판이에요. 그 장면의 촬영 날짜와 시간이 적혀 있어요.

기차역

기차역에서도 여러 가지 기계를 만날 수 있어요.
차표나 간식거리를 살 때도, 열차 시간을 확인하고
승강장으로 들어갈 때도 기계가 이용돼요.

기차역에 있는 기계들

승차권 발매기

차표를 자동으로 내어 파는 기계예요. 가고 싶은 곳을 선택하고 돈을 넣으면 차표가 인쇄되어 나와요.

출발 안내 전광판

열차 출발에 관한 최신 정보를 알려 주는 장치예요. 열차가 떠나는 정확한 시각과 승강장 위치를 알려 줘요.

전기 카트

사람과 짐을 열차 승강장까지 실어 나르는 차량이에요. 엔진 소리가 작아서 무척 조용히 움직여요.

기관차

사람이나 화물을 실은 차량을 철길에서 끌고 다니는 기차예요.

표 검사기

차표를 구멍 안에 집어넣거나 전용 판에 대면 표에 찍힌 바코드를 확인하고 통과시켜 주는 기계예요.

자동판매기

먹고 싶은 상품을 선택하고 돈을 투입구에 넣으면 상품을 툭 떨어뜨려 내주는 기계예요.

타이 탬퍼

철길의 레일 밑으로 자갈을 밀어 넣는 기계예요. 이렇게 지반을 단단하게 다져야 강철로 된 레일이 쉽게 휘거나 뒤틀리지 않아요.

그라인더 (연삭기)

레일에서 녹슬거나 울퉁불퉁한 부분을 갈아 없애는 기계예요. 레일이 매끈할수록 기차가 미끄러지듯 잘 달릴 수 있어요.

도로

도로는 수많은 승용차와 트럭들이 오가는 넓은 길이에요.
교통의 흐름이 매끄럽게 이어지도록 도로를 손보고 보살피는 기계에는
어떤 것들이 있을까요?

도로에 있는 기계들

도로포장 기계

새 도로의 표면을 닦는 기계예요. 뜨거운 아스팔트를 땅바닥에 쏟아 내고 평평하게 다진 뒤 차게 식히면 단단한 도로가 만들어져요.

덤프 트레일러

새로 닦을 도로의 재료인 아스팔트(석유를 만들고 남은 찌꺼기에 자갈, 돌가루 등을 섞어 만든 끈적거리는 검은색 혼합물)를 실어 나르는 차량이에요.

경계표지

운전자들에게 휘어진 길, 횡단보도 등 곧 맞이할 도로 상황을 알려 주는 장치예요. 위 그림은 앞으로 두 개의 차선이 곧 막힌다는 뜻이에요.

과속 경보 시스템 표지판

도로 위의 차량을 지켜보다가 위험한 속도로 달리는 차량을 발견하면 불빛을 밝혀 경고해 줘요.

로드 롤러(수로기)

새로 닦은 도로의 표면을 눌러서 다지는 중장비예요. 바퀴 대신 원통 모양의 무거운 롤러 두 개가 달려 있어요.

과속 카메라

레이더를 쏘아 달리는 차량의 속도를 알아내는 기계예요. 정해진 속도를 넘긴 차량이 발견되면 사진을 찍어 경찰에 전해요.

신호등

빨간색 불빛은 '길을 건너지 말고 멈춰서 기다리라.'는 뜻이고, 초록색 불빛은 '지금 길을 건너도 된다.'는 뜻이에요.

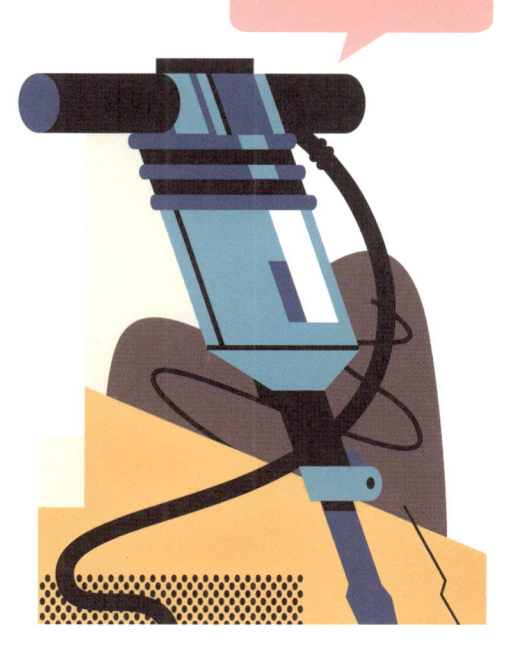

공기 드릴

도로에 구멍을 뚫을 때 사용하는 송곳 모양의 기계예요. 압축된 공기의 힘으로 움직여요.

바닷가

무거운 컨테이너를 배에 싣거나 내리는 여러 기계들로 항구가 분주해 보이네요.
바닷가를 따라 천천히 걷다 보면 우리에게 도움을 주는 더 많은 기계를
찾아볼 수 있을 거예요.

바닷가에 있는 기계들

닻감개

뱃머리에 있는 커다란 닻을 올리고 내리는 기계예요. 닻에 연결된 쇠사슬을 모터의 힘으로 감아서 올렸다가 풀어서 내려요.

리치 스태커

화물차에 실려 온 철제 컨테이너를 들어서 부두에 내리는 중장비예요. 내린 컨테이너는 다시 배로 옮겨 실어요.

등대

바다 쪽으로 뾰족하게 뻗은 육지에 세워진 탑 모양의 표지예요. 불빛을 밝혀 주위에 위험한 암초가 있다는 사실을 배들에 알려요.

구명정 수송차

구명정을 바닷가까지 실어 나르는 차량이에요. 얕은 물에서 뒤로 빠지면서 구명정만 깊은 바다로 들어가게 해요.

컨테이너 크레인

배에 실린 컨테이너를 들어서 부두에 내리거나 부두에 있는 컨테이너를 배에 싣는 기계예요. 컨테이너의 윗부분을 스프레더로 붙잡아 들어 올려요.

컨테이너 트럭

철제 컨테이너를 운반하는 트럭이에요. 짐받이가 매우 길고 평평해서 안전하게 컨테이너를 옮길 수 있어요.

금속 탐지기

바닷가 모래밭에 숨어 있는 금속 물질을 찾아내는 기계예요. 금속이 발견되면 삑삑 소리가 나요.

해변 청소기

바닷가 모래밭을 고르게 다지고 쓰레기를 퍼 담는 기계예요. 잔디깎이처럼 밀면서 사용해요.

식당 주방

큰 식당의 주방에는 손질해야 할 온갖 식재료와 요리해야 할 음식, 씻어야 할 그릇이 넘쳐나요. 다행히 특수한 기계들이 바쁜 요리사들의 시간을 아껴 주지요.

식당 주방에 있는 기계들

믹서

용기에 담긴 재료를 휘저어 섞거나 반죽하는 기계예요. 용도에 따라 부품을 갈아 끼워 사용해요.

전자저울

평평한 저울판에 물건을 올려놓으면 액정 화면에 그 물건의 정확한 무게가 숫자로 표시되는 기계예요.

그릴

가느다란 금속 막대를 뜨겁게 달구어 위에 놓인 식재료를 굽는 조리 기구예요. 위쪽에 연기를 빨아들이는 후드 장치가 있어요.

오븐

닫힌 공간 안에서 뜨거운 열로 음식을 고루 익히는 조리 기구예요. 조리가 막 끝난 음식을 꺼낼 때는 두꺼운 오븐용 장갑을 끼어야 해요.

감자 탈피기

감자 껍질을 벗기는 기계예요. 물과 함께 마구 뒤섞인 감자가 거친 벽면에 부딪히면 껍질이 벗겨져요.

포테이토 칩퍼

감자를 빙글빙글 돌리며 칼날 쪽으로 밀어 넣어 막대 모양으로 써는 기계예요.

주방 후드

음식을 조리할 때 생기는 김이나 연기, 냄새를 빙빙 돌아가는 팬으로 빨아들여 주방 밖으로 내보내는 장치예요.

식기세척기

음식 찌꺼기가 붙은 지저분한 그릇이며 조리 기구를 깨끗이 씻어 주는 기계예요.

시내

도시의 삶은 무척 바쁘게 돌아가요. 여러 기계들도 백화점, 공원 등 곳곳에서 바쁘게 일하고 있지요. 기계는 시내를 깨끗하고 편리한 곳으로 만드는 데 큰 도움이 되어요.

시내에 있는 기계들

자동 회전문

밀거나 당기지 않아도 드나들 수 있게 만든 문이에요. 사람이 다가가면 자동으로 빙글빙글 돌아가기 때문에 문에 손을 대지 않고도 건물 안으로 들어갈 수 있어요.

에스컬레이터 (자동계단)

움직이는 계단이에요. 꼭대기에 다다르면 계단이 사라지고 다시 바닥에서 나타나요.

현금 자동 입출금 기기

은행 카드나 통장을 넣고 찾고 싶은 돈의 액수를 찍으면 계좌에 든 돈을 찾을 수 있어요.

노면 청소차

도로 위를 달리며 빙글빙글 돌아가는 동그란 빗자루로 청소를 하는 차량이에요. 빗자루가 쓸어 모은 쓰레기는 진공청소기처럼 차 안으로 빨아들여요.

셀프 계산대

직접 물건값을 계산할 수 있는 기계예요. 사려는 물건에 붙은 바코드를 스캔하고 포장대로 옮긴 뒤 카드로 계산하면 돼요.

금전 등록기

돈을 보관하는 상자와 계산기의 기능을 모두 갖춘 기계예요. 버튼을 눌러 물건값을 계산하고 돈은 서랍에 넣어요.

재활용품 수거차

거리를 돌아다니며 재활용품 수거함에 담긴 페트병, 캔, 유리병 등을 거두어 재활용 센터로 옮기는 차량이에요.

낙엽 청소기

인도나 잔디밭에 쌓인 낙엽들을 바람의 힘으로 쓸어 모으는 기계예요. 모터를 분리하면 배낭에 쏙 들어갈 만큼 작아요.

광산

땅속 깊은 곳에 있는 기계들은 암석을 뚫고 가치 있는 광물을 캐내어 땅 위로 옮기는 일을 해요. 이 일은 전문가들이 조심스럽게 계획해야 하는 매우 복잡한 작업이에요.

광산에 있는 기계들

환풍기

빙글빙글 돌아가는 바람개비로 광산의 갱과 터널 안 공기를 밀어내는 기계예요. 광산에서 일하는 사람들이 맑은 공기로 숨 쉴 수 있게 해 줘요.

광산 덤프트럭

광산에서 캐낸 무거운 광물을 광산 밖으로 실어 나르는 덤프트럭이에요. 일반 덤프트럭보다 키가 작아서 땅속 터널을 오가기에 알맞아요.

조 크러셔

광산에서 캐낸 중간 크기의 암석을 강철 톱니로 깨뜨려 작게 부수는 기계예요.

벨트 컨베이어

두 개의 바퀴에 걸려 있는 넓은 띠 위에 물건을 올려 운반하는 기계예요. 광산에서는 작은 돌들을 트럭이 있는 곳까지 옮기는 데 쓰여요.

유압 브레이커

커다란 암석을 세게 때려 작은 덩어리로 부수는 기계예요. 굴착기의 팔에 끼워서 사용해요.

로더

돌이나 흙을 앞쪽에 달린 커다란 삽으로 퍼서 트럭 짐받이에 싣는 일을 하는 차량이에요. 광산 덤프트럭처럼 키는 작지만 튼튼해요.

권양탑

땅속에서 캐낸 암석과 귀한 광물을 땅 위로 끌어 올리기 위한 장치가 설치된 탑이에요. 커다란 철제 용기에 광물을 실어 쇠밧줄로 감아올려요.

펌프

땅속에 흐르는 많은 물을 밖으로 퍼내는 기계예요. 펌프가 없다면 광산의 갱과 터널에 홍수가 날 수도 있어요.

놀이공원

놀이공원은 언제나 우리 마음을 설레게 하는 곳이지요. 신기한 놀이기구를 타고 뱅뱅 돌거나 이리저리 뒤집히고 구르다 보면 금세 지칠 거예요. 그럴 땐 맛있는 간식을 먹으며 잠시 쉬어요!

놀이공원에 있는 기계들

롤러코스터

공중에 놓인 레일 위를 엄청나게 빠른 속도로 오르내리는 놀이용 열차예요. 눈 깜박할 새에 쌩쌩 달리는 모습은 구경만 해도 신나요.

대관람차

거대한 바퀴 가장자리에 사람이 탈 수 있는 통을 매달아 천천히 회전하는 놀이기구예요. 높은 곳에서 주변 풍경을 내려다보며 즐길 수 있어요.

회전목마

알록달록 색칠된 나무말을 타고 빙글빙글 도는 놀이기구예요. 말이 위아래로 움직이며 돌아요.

왈처

거대한 원반과 그 위에 놓인 회전의자들이 각각 빠르게 돌아가는 놀이기구예요. 원반이 끊임없이 들썩거려요!

범퍼보트

작은 호수에서 타는 동력 고무보트예요.
모터가 돌리는 프로펠러의 힘으로 나아가요.

범퍼카

작은 자동차 모양의 놀이기구예요.
차 밑에 붙은 솔이 철판 바닥에 닿을 때
얻는 전기의 힘으로 움직여요.

솜사탕 제조기

색색의 설탕으로 솜뭉치 모양의 달콤한 사탕을
만드는 기계예요. 녹인 설탕을 작은 구멍을 통해
실처럼 뽑아서 둘둘 감으면 솜사탕 완성!

페어그라운드 오르간

놀이공원에서 흥겨운 음악을 연주하는 악기예요.
눌러 찍은 코드로 기록된 음악이 소리로 바뀌어
흘러나와요.

찾아보기

가위 승강기	13	도장 로봇	29
감자 탈피기	49	등대	44
경계표지	40	로더	57
경운기	8	로드 롤러(수로기)	41
공기 드릴	41	롤러코스터	60
과속 경보 시스템 표지판	40	리치 스태커	44
과속 카메라	41	마이크	32
광산 덤프트럭	56	마취 기계	24
구명정 수송차	44	문서 세단기	20
굴착기	12	믹서	48
권양탑	57	믹서 펌프 트럭	12
그라인더(연삭기)	37	믹싱 데스크	33
그래버	28	발전기	33
그릴	48	범퍼보트	61
금속 탐지기	45	범퍼카	61
금전 등록기	53	베일러	9
기관차	36	벨트 컨베이어	56
낙엽 청소기	53	보일러	16
냉온수기	21	복강경	25
냉장고	16	복합기	20
노면 청소차	52	불도저	13
다짐기	13	블랭킹 머신	28
닻감개	44	빨래 건조기	16
대관람차	60	세탁기	16
덤프 트레일러	40	셀프 계산대	53
덤프트럭	12	솜사탕 제조기	61
도로포장 기계	40	수세식 변기	17

승차권 발매기	36	진공청소기	17
식기세척기	49	착유기	9
신호등	41	체중계	24
심장 제세동기	24	초음파 기계	24
양털 이발기	9	촬영기	32
에스컬레이터(자동계단)	52	출발 안내 전광판	36
에어컨	21	커피 머신	21
엑스선 촬영기	25	컨테이너 크레인	45
엘리베이터(승강기)	20	컨테이너 트럭	45
예초기	17	컴퓨터	20
오븐	48	콤바인	8
왈처	60	크레인(기중기)	12
용접 로봇	28	클래퍼보드	33
유압 브레이커	57	타이 탬퍼	37
이동차	32	트랙터	8
자동 이동 장치	28	파종기	8
자동 회전문	52	펌프	57
자동판매기	37	페어그라운드 오르간	61
잔디깎이	17	포테이토 칩퍼	49
재활용품 수거차	53	표 검사기	37
전기 카트	36	프레스	29
전자저울	48	항타기	13
제초기	9	해변 청소기	45
조 크러셔	56	핸드 드라이어	21
조립 로봇	29	현금 자동 입출금 기기	52
조명 크레인	32	현미경	25
주방 후드	49	혈액 분석기	25
지게차	29	환풍기	56
지브	33	회전목마	60

글 조 넬슨

영국 케임브리지대학교에서 현대와 중세의 언어를 공부한 뒤 세계를 여행하며 영어와 수학을 가르쳤습니다. 이후 런던에 머물며 10년 동안 편집자로 일하다가 지금은 어린이책을 쓰고 있습니다. 쓴 책으로는 《미리 보는 지구과학 책》《세계사 박물관》 등이 있습니다.

그림 알렉산다르 사비체

세르비아 베오그라드를 중심으로 활동하는 일러스트레이터이자 인포그래픽 디자이너입니다. 세르비아 베오그라드대학교에서 미술을 공부하였습니다.

옮김 김현희

외국의 좋은 책을 우리말로 옮기는 일을 하고 있습니다. 지금까지 옮긴 책으로는 〈이것저것들의 하루〉 시리즈와 《언니들의 세계사》《사람이 되는 법》 등이 있습니다.

신나는공학자 02
오늘도 고마운 기계의 하루

1판 1쇄 인쇄 | 2024. 10. 14.
1판 1쇄 발행 | 2024. 10. 28.

조 넬슨 글 | 알렉산다르 사비체 그림 | 김현희 옮김

발행처 김영사 | **발행인** 박강휘
편집 이은지 | **디자인** 김민혜 | **마케팅** 서영호 | **홍보** 조은우 육소연
등록번호 제 406-2003-036호 | **등록일자** 1979. 5. 17. | **주소** 경기도 파주시 문발로 197(우10881)
전화 마케팅부 031-955-3100 | 편집부 031-955-3113~20 | 팩스 031-955-3111

WHAT DO MACHINES DO ALL DAY? © 2019 Quarto Publishing plc
Text © 2019 Jo Nelson
Illustrations © 2019 Aleksandar Savić
First Published in 2019 by Wide Eyed Editions, an imprint of The Quarto Group.
All rights reserved.
Korean translation copyright © 2024 by Gimm-Young Publishers, Inc.
Korean translation rights arranged with Quarto Publishing plc through EYA Co.,Ltd.

이 책의 한국어판 저작권은 EYA Co.,Ltd를 통해 Quarto Publishing plc사와 독점 계약한 (주)김영사에 있습니다. 저작권법에 의하여 한국 내에서 보호를 받는 저작물이므로 무단전재 및 복제를 금합니다.

값은 표지에 있습니다.
ISBN 979-11-94330-09-7 74500
ISBN 978-89-349-8240-1(세트)

좋은 독자가 좋은 책을 만듭니다. 김영사는 독자 여러분의 의견에 항상 귀 기울이고 있습니다.
전자우편 book@gimmyoung.com | 홈페이지 www.gimmyoung.com

| **어린이제품 안전특별법에 의한 표시사항** | **제품명** 도서 **제조년월일** 2024년 10월 28일 **제조사명** 김영사 **주소** 10881 경기도 파주시 문발로 197 **전화번호** 031-955-3100 **제조국명** 대한민국 **사용 연령** 8세 이상 ⚠ **주의** 책 모서리에 찍히거나 책장에 베이지 않게 조심하세요. |